目　次

前　言

本标准按照 GB/T 1.1—2009《标准化工作导则　第 1 部分：标准的结构和编写》给出的规则起草。
请注意本文件的某些内容可能涉及专利。本文件的发布机构不承担识别这些专利的责任。

本标准由中国煤炭工业协会提出。

本标准由煤炭行业煤矿专用设备标准化技术委员会归口。

本标准起草单位：中国矿业大学、山东能源新汶矿业集团有限责任公司、煤矿充填开采国家工程实验室、江苏中矿立兴能源科技有限公司、天地科技股份有限公司、山东济宁能源发展集团、兖州煤业股份有限公司。

本标准主要起草人：缪协兴、张文、张吉雄、张强、郭广礼、巨峰、胡炳南、虢洪增、陈勇、刘志钧、黄艳利、周跃进、李剑、周楠、姜海强。

ICS 73.020

D 15

备案号：47883-2015

NB

中华人民共和国能源行业标准

NB/T 51018—2014

采煤工作面固体抛投式充填方法

Throwing-type backfilling technology with solid materials in
working face specifications

2014-10-15发布

2015-03-01实施

国家能源局 发布

采煤工作面固体抛投式充填方法

1 范围

本标准规定了采煤工作面固体抛投式充填方法的一般要求、固体抛投式充填工艺和充填效果控制。

本标准适用于使用固体抛投式充填控制覆岩地表移动的采煤工作面。

2 规范性引用文件

下列文件对于本文件的应用是必不可少的。凡是注日期的引用文件，仅注日期的版本适用于本文件。凡是不注日期的引用文件，其最新版本（包括所有的修改单）适用于本文件。

MT/T 105 刮板输送机通用技术条件

MT 820 煤矿用带式输送机技术条件

煤矿安全规程 国家煤矿安全监察局 国家安全生产监督管理总局

建筑物、水体、铁路及主要井巷煤柱留设与压煤开采规程 国家煤炭工业局

3 术语和定义

下列术语和定义适用于本文件。

3.1

抛投式固体充填 throwing-type backfilling technology with solid materials

将固体充填材料加速后抛投入采空区进行充填的方法。

3.2

固体充填材料抛投式充填机 throwing machine of solid materials

将固体充填材料加速后抛投入充填作业区的机械设备。

3.3

充填作业区 backfilling work zone

使用固体充填材料抛投式充填机进行充填作业的区域。

3.4

充填距离 backfilling distances

充填作业时固体充填材料抛投式充填机每次后退的距离。

3.5

充采质量比 mass ratio of backfilled materials to cutted coal

充填入的固体材料与采出煤炭质量的比率。

3.6

充填率 ratio of backfill height to mining height

采空区固体充填材料最终充填高度与实际采高的比率。

3.7

固体充填材料 solid-filling materials

采煤工作面固体抛投式充填方法中采用的矸石、粉煤灰、露天矿排土、建筑垃圾、风积沙、黄土等经破碎或筛分或直接充填到采空区的固体物质，也可采用其他材料，但不应造成井下环境污染。

4 一般要求

4.1 基本要求

采用固体抛投式充填方法应满足以下基本要求：

a）有适宜于采用固体抛投式充填采煤技术进行回采的煤层；

b）有充足的矸石或粉煤灰等固体材料作为充填材料；

c）固体充填材料粒径应不大于 200mm；

d）有采用充填的必要性及充足的固体充填材料来源；

e）充填区域支护设计根据具体的地质条件确定，需符合《煤矿安全规程》的要求；

f）固体抛投式充填采煤方法适应的顶板条件为中等稳定顶板，煤层倾角为近水平及缓倾斜煤层，煤层厚度单层采高应不大于 4.0m；

g）壁式固体抛投式充填采煤方法适应的采煤方法为走向长壁后退式普通机械化采煤法；

h）巷式固体抛投式充填采煤方法适应的采煤方法为煤巷掘进采煤法。

4.2 设备要求

4.2.1 充填设备组成

充填设备由固体充填材料抛投式充填机、刮板输送机、带式输送机和其他辅助装置组成。

4.2.2 固体充填材料抛投式充填机

固体充填材料抛投式充填机应满足以下基本要求：

a）水平抛投距离是充填机的主要性能指标，应根据充填作业区宽度、充填作业步距、煤层厚度、煤层倾角、水平摆角、垂直摆角、充填材料安息角等计算确定；

b）抛投速度应根据水平抛投距离的要求确定；

c）抛投卸载端能实现水平及垂直摆动，摆角需适应实际地质条件；

d）充填能力需与采煤能力配套；

e）充填机宽度应满足在两排单体支柱间安装及水平摆动的要求，高度应适合煤层厚度；

f）固体充填材料抛投式充填机移动方式结合实际地质条件确定，可采用绞车、钢丝绳等方式移动。

4.2.3 刮板输送机

刮板输送机应符合 MT/T 105 的规定。

4.2.4 带式输送机

带式输送机应符合 MT 820 的规定。

4.3 工作面系统布置要求

4.3.1 壁式开采

采煤工作面：与常规普采工作面相同。

充填工作面：布置在普采工作面采空区内进行充填作业的场所，在采煤工作面的后部增加支护空间，布置充填工作面进行固体材料抛投式充填，并在回风巷内布置固体带式输送机，在采煤工作面后部充填工作面内布置刮板输送机与固体充填材料抛投式充填机。壁式开采抛投式充填采煤工作面系统布置如图 1 所示，充填工作面 A-A 剖面图如图 2 所示，固体充填材料抛投式充填机如图 3 所示。

4.3.2 巷式开采

采煤工作面：布置于煤柱中，与常规煤巷掘进工作面相同。

充填工作面：在巷道内布置绞车、带式输送机与固体充填材料抛投式充填机，用固体充填材料抛投式充填机由里向外抛投充填固体材料。充填工作面的间距根据具体矿井实际的地质条件确定。

巷式开采抛投式充填采煤工作面布置图与俯视图分别如图 4、图 5 所示。

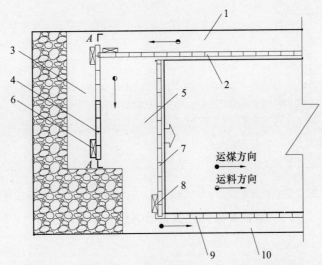

1—回风巷；2—固体带式输送机；3—充填工作面；4、7—刮板输送机；5—采煤工作面；

6—固体充填材料抛投式充填机；8—采煤机；9—运煤带式输送机；10—进风巷

图1 壁式开采抛投式充填采煤工作面系统布置图

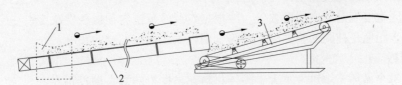

1—固体带式输送机；2—刮板输送机；3—固体充填材料抛投式充填机

图2 充填工作面 A-A 剖面图

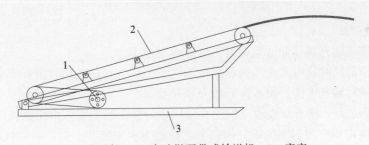

1—电动机；2—高速抛矸带式输送机；3—底座

图3 固体充填材料抛投式充填机示意图

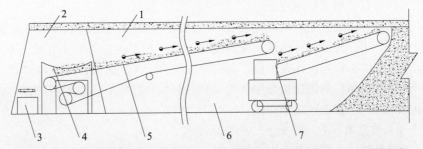

1—充填巷；2—充填配巷；3—绞车；4—充填配巷带式输送机；5—带式输送机；

6—充填巷道；7—固体充填材料抛投式充填机

图4 巷式开采抛投式充填采煤工作面布置图

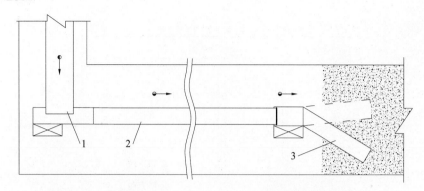

1—充填配巷带式输送机；2—带式输送机；3—固体充填材料抛投式充填机

图5　巷式开采抛投式充填采煤工作面俯视图

4.4　充填参数

4.4.1　壁式充填参数

壁式充填的主要参数如下：

a)　排距应根据顶板条件和充填作业的要求决定，并应与采煤机的截深相等或为两倍截深；

b)　柱距应根据顶板条件及充填作业决定；

c)　充填作业区宽度应是排距的整数倍，应根据作业区范围内顶板条件决定；

d)　充填作业步距应是柱距的整数倍，并等于刮板输送机中部槽的长度。

4.4.2　巷式充填参数

充填工作面的每个循环充填进度不大于固体材料充填抛投的最大抛投距离。

5　固体抛投式充填工艺

5.1　壁式充填工艺

壁式充填工艺具体为：

a)　采煤工作面推进达充填作业区宽度时，采煤机停止工作。

b)　在采煤机工作的同时，可将充填机和刮板输送机搬移到预定的位置进行安装调试。

c)　根据情况撤除运输巷内支护设备，开始充填作业。

d)　运输巷充填完成后，松开刮板输送机的张紧装置，拆除相当两倍中部槽长度的刮板链，卸下最下部的一节中部槽，将拆下的机件搬移到工作面下次安装地点附近（回风巷），上移刮板输送机机尾（机头）和固体充填材料抛投式充填机相同距离。重新安装刮板输送机，张紧刮板链。

e)　从采空区向煤壁方向撤除充填作业区内相当充填距离的单体支柱和金属铰接顶梁，搬移到下次采煤机采煤作业时需要支护地点附近。

f)　超前固体充填材料抛投式充填机卸载端 2m 将充填作业区靠近煤壁的一排单体支柱加密，并挂上柔性材质挡矸帘，外形尺寸与煤层采高配套，悬挂在支柱的上部（中部、下部）。

g)　先后启动固体充填材料抛投式充填机、刮板输送机和带式输送机开始充填作业，垂直调整固体充填材料抛投式充填机的抛投头角度使得充填材料始终抛投到靠近顶板的部位，水平摆动抛投头使充填材料将充填作业区完全充满。

h)　重复 d)～g) 的充填作业，开始下一个充填距离。

i)　根据煤层顶板条件，在进行充填作业的同时，可以开始采煤机采煤作业。

j)　当刮板输送机缩短到能够正常运行的最短长度时，停止充填作业。

k)　将固体充填材料抛投式充填机和拆除的刮板输送机搬移到下一循环的相应位置，同时缩短带式输送机。

l)　准备下一个刮板输送机控制长度内的充填作业。

m）不断重复 h）～l）步骤，实现整个采空区的连续充填。

5.2 巷式充填工艺

巷式充填工艺具体为：

a）掘进机掘出巷式充填巷道，掘进机停止作业，撤出巷道，准备充填作业；

b）将机尾驱动式带式输送机布置于充填巷道的出口处，同时将固体充填材料抛投式充填机布置于巷道前部，固体充填材料抛投式充填机机尾与带式输送机搭接；

c）依次启动固体充填材料抛投式充填机、带式输送机及充填配巷带式输送机；

d）固体充填材料抛投式充填机机头对采空区进行抛投充填，随着固体充填材料的充填，固体充填材料抛投式充填机逐渐后移；

e）带式输送机拉紧装置控制胶带收缩，带式输送机随之移动，紧跟固体充填材料抛投式充填机作业；

f）不断重复（d）～（e）步骤，实现整个巷道的连续充填。

6 充填效果控制

6.1 充采质量比

进行固体抛投式充填采煤工程设计时，需要综合考虑所采用的固体充填材料、实际的采矿地质条件、对应地表保护对象抗变形能力及采动控制指标等因素，对充采质量比进行设计，对充填开采岩层移动与地表沉陷进行预测，并在实施固体抛投式充填采煤方法时对充采质量比进行监控。充采质量比应符合工程设计的要求。

6.2 充填率

采用固体抛投式充填采煤方法进行采空区充填，控制覆岩地表移动，固体充填材料应尽量密实接顶。充填率应满足工程设计的相应要求。

6.3 地表建（构）筑物变形

采用固体抛投式充填采煤方法进行采空区充填后，对应地表的建（构）筑物的移动变形需控制在《建筑物、水体、铁路及主要井巷煤柱留设与压煤开采规程》中规定的相应级别及其允许的采动影响范围之内。

中 华 人 民 共 和 国

能 源 行 业 标 准

采煤工作面固体抛投式充填方法

NB / T 51018—2014

*

中国电力出版社出版、发行

（北京市东城区北京站西街 19 号　100005　http://www.cepp.sgcc.com.cn）

北京九天众诚印刷有限公司印刷

*

2015 年 4 月第一版　　2015 年 4 月北京第一次印刷

880 毫米×1230 毫米　16 开本　0.5 印张　12 千字

印数 0001—3000 册

*

统一书号 155123·2313　定价 **9.00** 元

敬 告 读 者

中国电力出版社官方微信

掌上电力书屋

刮开涂层
查询真伪

1551232313

NB/T51018-2014采煤工作面固体
投式充填方法

￥9.00